玩皮世家

女式皮革小物件

［日］椎名惠叶　著

劳轶琛　赵乔乔　王文兴　译

上海科学技术出版社

图书在版编目（CIP）数据

女式皮革小物件 /（日）椎名惠叶著；劳轶琛，赵乔乔，王文
兴译 . —上海：上海科学技术出版社，2016.8
（玩皮世家）
ISBN 978-7-5478-3108-3

Ⅰ. ①女…　Ⅱ. ①椎…　②劳…　③赵…　④王…　Ⅲ. ①皮革制
品－手工艺品－制作　Ⅳ. ① TS973.5

中国版本图书馆 CIP 数据核字（2016）第 136676 号

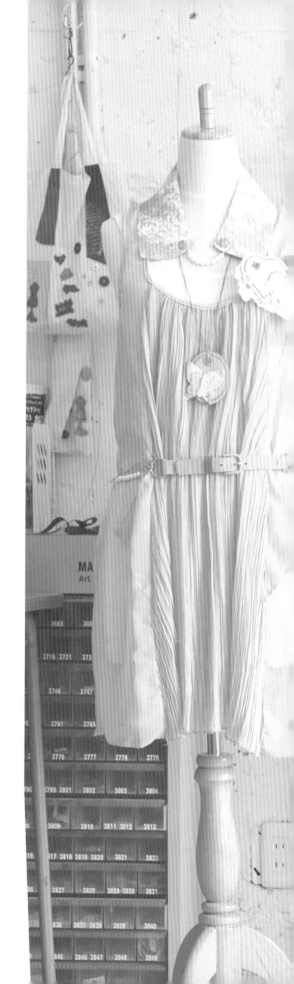

Nijikandetsukureru Garinakawakomono
Copyright © STUDIO TAC CREATIVE 2013
All rights reserved.
First original Japanese edition published by STUDIO TAC CREATIVE
CO., LTD.
Chinese (in simplified character only) translation rights arranged with
STUDIO TAC CREATIVE CO., LTD., Japan.
through CREEK & RIVER Co.,LTD. and CREEK & RIVER
SHANGHAI Co.,LTD.
Photographer: 関根 统　Osamu Sekine

玩皮世家
女式皮革小物件
[日] 椎名惠叶　著

劳轶琛　赵乔乔　王文兴　译

上海世纪出版股份有限公司
上海科学技术出版社　出版
（上海钦州南路 71 号　邮政编码 200235）

上海世纪出版股份有限公司发行中心发行
200001　上海福建中路 193 号　www.ewen.co
浙江新华印刷技术有限公司印刷
开本 889×1194　1/16　印张 6　插页 2
字数 150 千字
2016 年 8 月第 1 版　2016 年 8 月第 1 次印刷
ISBN 978-7-5478-3108-3/TS · 187
定价：45.00 元

本书如有缺页、错装或坏损等严重质量问题，
请向承印厂联系调换

前　言

你相信吗？废旧的皮革经过简单加工，也可实现华丽转身；单一的设计只需一点装饰也能有意想不到的效果；印章、染色、蕾丝、纽扣、粘贴画……这些小创意的加入能让你的皮革作品变身一件精美的艺术品。在本书中介绍的作品均可在两小时内完成。经过简单的剪切、粘贴，你也可以做出可爱、精致的皮革手工艺术品哦！

让我们一起开启这奇妙的皮革手工DIY之旅吧！

目 录

苹果鼠标垫

Apple mat

是不是让你有一种
想吃掉它的冲动？

可以做鼠标垫，还可以垫放物品。
选择自己喜欢的形状，做一只别致的鼠标垫吧！

详见 P50

一个是楚楚动人的"小鸟依人"链，
一个是高贵奢华的"珠圆玉润"链，
选哪个呢？

详见 P54~56

巴黎风项链 & 双爱心发夹

Parisian necklace &
Double heart hair clip

发夹与项链相呼应，时尚高雅，
为你增添一份熟女气质。

详见 **P57**

一枚古色古香的项链，
加上淡色的迷你小物，
人群中一眼就能看到你。

详见 **P51**

耳边轻轻摇曳的花儿，
带给你一天的好心情。

详见**P85**

浪漫的花朵发夹 & 耳环

Flower corsage & Valletta

混色花饰，
提升整体装束的品位。

详见 **P82~84**

典雅的衣领
Collar

心情不好时，挑一件自己喜欢的衣服，
记得配上这枚典雅的衣领哦，也许会有不一样的心情呢？

详见 **P56**

杯　垫
Leaf coaster

一枚落叶杯垫泛着怀旧的斑点，
诉说着过去的故事。

茶歇片刻，
落叶杯垫带给你美丽心情。

详见 P48~49

用这样一枚精致的小包
盛放珍藏的饰品，
怎么样？
详见**P74~75**

笔记本相册中那些珍藏的照片和卡片，
唤起内心深处的回忆……

详见 P60~61

Pig skin note

用手感绝佳的皮革
创作绝佳的作品。
详见 **P88~89**

再也不用担心衣橱中
没有称心的包包了……
详见P70

蓝白色卡包

Card case

拥有这样一枚精致高雅的卡包，
心情也变得明朗了。

详见 P71

可爱的袖珍小本和
少女系针线包，
有没有让你心动？

详见 P62~63

大地色的笔袋，
带给你莫名的感动。
详见 **P90**

用这样一枚革制信封
装载动人的语句，
传达心中的思念！
详见 **P56**

四角收纳盒

Tray

装入钥匙、饰品和小糖果，
是不是很不错呢？

详见 P50

半月形包包

Crescent porch

甜美可爱的半月形包包，
兼具提包和手包的特点，
带上它去参加 PARTY 最合适不过了。

详见 **P91**

带上一枚轻便的斜背小包，
去旅行吧！

详见 **P90**

搭扣手包和盒坠项链，
为你保守珍藏的秘密。

详见 P77

装饰带
Decoration belt

将喜爱的迷你小物或丝巾套入
这一可爱的饰带，
是不是很萌呢？

详见 **P68~69**

基本制作流程

本书中所介绍的皮革手工艺品是怎样做成的呢？
下面介绍一下具体的制作流程吧。

摹写

将做好的纸样盖于皮革之上，根据纸样画线，为了保证切割后不留下线痕，可用"水银笔"和"清洗笔"。

裁切

根据画好的线使用剪刀和裁皮刀裁切。相对于纸和布，皮革较厚，需要根据皮革厚度选用不同的裁切方式。

装饰

可在裁切的皮革上印章、染色，也可加入其他不同材质的饰品。如果加入印章，顺序是先印章后浸湿皮革。

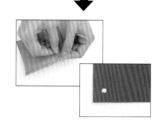

金属配饰、缝合

最后就是添加配饰的环节，可添加的配饰有连接圈、链子、铆钉、和尚头钉、金属卡具和蛙嘴夹等。

基础知识

为了充分体验皮革手工的乐趣，
本章先介绍具体制作方法和一些皮革常识。
在此之前，让我们了解需要提前准备的工具，
当然，也可以使用家居用品代替。
只要掌握基本要领，
你也可以做出很多创意的手工艺品哦！

基本工具

这一章中，将为大家介绍本书中制作手工艺品所使用的工具，
当然也可使用相关代替品，只要方便实用就 OK。

常用普通工具

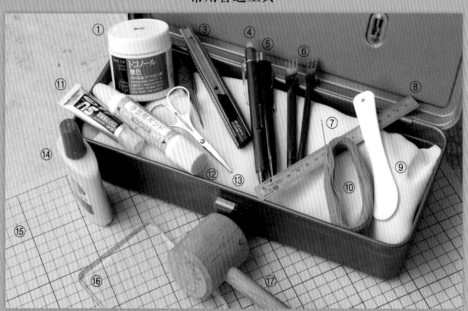

① 床面处理剂：处理皮革床面的毛茬，保持皮革清洁。

② 锥子：用于在皮革上画线或钻孔，是皮革制作必不可少的工具。

③ 裁皮刀：用于直线切割。

④ 清洗笔：适用于在皮革上画线和做标记，可清除。

⑤ 水银笔：皮革 DIY 专用笔，用于皮革表面画线。

⑥ 菱錾：尖端呈菱形状，用于打制缝线孔。本书中使用的刀刃间隔为 4mm, 分 4 齿和 2 齿两种。

⑦ 手缝针：钝头设计，皮革缝线专用。

⑧ 钢尺：可测定长度，辅助裁切皮料，也可测量间距和画线。

⑨ 抹胶片：用于添加折痕和涂抹胶水。

⑩ 手缝线：麻质线，不易断，表面经过涂层处理，颜色多样，可根据个人喜好选择。

⑪ 多功能黏合剂：适用于皮革和金属的黏合。

⑫ 手工用黏胶：出口细长，适用于蛙嘴式钱包间隙部分的黏合。

⑬ 剪刀：推荐准备两把剪刀。小剪刀用于剪切薄革，大剪刀用于剪切厚革。

⑭ 木工用黏胶：用于皮革和其他材质物品的黏合。

⑮ 橡胶板：垫于皮革下方，用于辅助裁切皮料。

⑯ 玻璃板：将床面处理剂均匀擦拭在皮革床面。

⑰ 木槌：适用于敲打菱錾或圆冲等。

安装金属配饰的工具

添加金属卡扣等金属配饰时，需要用到专用工具，本书中使用的敲击工具使用方法在 P38 有详细介绍。下面先认识下这些小五金们吧。

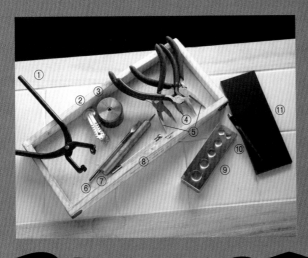

① 平口夹：夹住金属卡口，用力将其取下。
② 金属夹：准备若干，用于夹物。
③ 气眼垫板：呈漏孔状，安装气眼时垫于下方。
④ 剪口钳：用于切分链子。
⑤ 尖嘴钳：钳端纤细，用于拧连接圈，推荐准备两把。
⑥ 扁冲：锥子家族成员，可打一字孔。
⑦ 气眼敲棒：用于安装气眼，可根据孔径大小选取适合的尺寸。
⑧ 铆钉杆：用于安装铆钉，可根据铆钉大小选择相应尺寸。
⑨ 万能钣金：安装铆钉时垫于下方，可根据铆钉大小选择相应尺寸。
⑩ 圆冲：用于打圆孔，可根据金属配件大小选择相应尺寸。
⑪ 橡胶板：打孔或钻孔时铺于下方使用。

染色工具

① 橡胶手套：染料大人可是手下不留情的，为了保护好你的纤纤玉手，一定记得准备手套哦。
② 托盘：防止染料溢出。
③ 调色盘：盛取染料，供配色使用。
④ 皮革专用染料：本书中所使用的染料是 BATIK 水性染料，色泽亮丽，易搭配，有 24 种颜色可供选择。
⑤ 毛刷：用于涂抹染料。
⑥ 皮革防染剂：染色后喷用，以防掉色。

皮革须知

选用不同的皮革，作品呈现的感觉也会不同。
了解了皮革的特性和挑选方法，就可以根据自己的需要选择相应的皮革。

皮革简介

关于皮革的挑选和制作，首先需要了解皮革的三个特质——鞣制方法、厚度和韧性。

挑 选

①鞣制方法

毛皮经过多道程序加工就变成了用途广泛的皮革。在这些加工程序中最重要的就是"鞣制"，鞣制方法大致分为2类，一类是使用植物的丹宁酸鞣制，被称为"植鞣革"，另一类是使用三价铬鞣制，被称为"铬鞣革"。

②皮革的厚度

市场上销售的皮革，大部分是在原来皮革的基础上抄制、削薄而成的。但是，要想制作出更加完美的手工艺品，就需要选择适合作品厚度的皮革。如果有专门提供抄制皮革服务的店商，可以尝试下哦。

③皮革的韧性

即使皮革的厚度相同，因皮革种类及加工方法不同，触感也会有所不同。制作柔软细腻的单品时应选择韧度低的皮革，制作坚实耐用的单品时最好选择韧度高的皮革。

皮革的正反面和切口

皮革较为光滑的一面叫做"正面"，粗糙不平的一面叫做"床面"。一般，把正面当做表面的情况比较常见，但是，根据需要有时也会把床面用于表面，以追求凹凸不平的质感。另外，切割皮革时的切口称为"断面"。

正面
断面
床面

植鞣革和铬鞣革

和铬鞣革相比，植鞣革的韧性大，硬度高，可塑性强（浸湿后易塑形），另外，植鞣革经过光照，颜色会发生变化（老化现象）。而铬鞣革则韧性较小、手感柔软、无可塑性、不易老化，适用加模具压型、印章等装饰。

皮革家族

　　本书中使用的皮革包括牛革、猪革、羊革。皮革的厚度请参考之后的详细介绍。除了特别指定的皮革（对皮革可塑性有一定要求或者染色时指定使用植鞣牛革或植鞣猪革）之外，可自由选择。皮革比布厚，长时间放置不易变形，经过简单的加工就会别有一番风情。下面让我们一起看下皮革大家族的成员吧。

皮革家族成员

牛革（最常见，使用频率最高）

皮革家族中最常见的革种，坚实耐用。可根据皮革性质和牛种的不同可分为多种。例如根据年龄划分，既有小牛皮，又有成牛皮。

猪革（轻便结实）

结实且耐磨，表面的缩绉设计和三角排列是其显著特点，经常作为皮包内衬使用。

羊革（柔软顺滑）

材质精细、柔软，革面细腻顺滑，适用于成衣。

合成革制品

在皮革表面添加各种生动的"表情"而成的革制品，富有情趣，种类繁多，带给你不一样的新鲜感。

皮革小贴士

point

　　用皮革制作笔记本、手包时，对皮革厚度有一定要求。这类制品在制作时需要折弯，如果皮革太厚折弯处会出现凸凹不平的情况。使用到金属卡口时需要根据夹槽的宽度选取厚度适中的皮革，如果厚度不够，可通过贴革增加厚度。

强力推荐——端革

端革是指大块皮革裁剪后剩余的边料。本书介绍的皮革工艺制作中，端革大有用武之地。那它们可以在哪里买到呢？其实在皮革工艺商店和网上都有出售，不仅价格亲民，而且种类丰富。强力推荐哦！

皮革的配饰

一张皮革未免略显单调，使用各样与其相配的素材
会有意想不到的效果。
下面让我们一起看下与皮革投缘的朋友们吧。

择友标准

首先，根据个人喜好选择素材。
一般来说，皮革与金属制品、蕾
丝十分投缘。当然，如果你走的
是怀旧风，就可以选择印章君；
如果想让皮革拥有更多"表
情"，还可尝试染色。

皮革至交——项链公主和珍珠小姐

看，她们环肥燕瘦，楚楚动人，这就是饰品界的
名门望族——项链公主和珍珠小姐，与皮革是不
是很相配？

皮革新宠——纽扣、迷你小物、羽毛

纽扣和迷你小物是经常使用的饰品，最近她们和皮革家族屡屡
"联姻"，大有人气。亲们如果要添加这些饰品，一定要根据皮
革颜色（金色、银色、铜色）选择，以保持和谐感哦。根据孔
位，纽扣可分为直接纽和间接纽。直接纽为纽扣本身含穿线孔，
而间接纽则是穿线孔在纽扣之外。迷你小物一般和含孔的链子、
连接圈等搭配使用。除此之外，羽毛在皮革界也大受欢迎，在
饰品店就可以买到哦。想象一下，加上几枚可爱的羽毛，你的
皮革是不是更具量感呢？

蕾丝和缎带——打造精致的你

精致一直是蕾丝和缎带的代名词，用在皮革制品中最适合不过了。清纯的白色，美丽的花纹，精致的褶皱设计，都让皮革给人眼前一亮的感觉。几缕衣褶的加入是不是让皮革更加有型？蕾丝的刺绣图案是不是唤起了你内心深处的少女情结？茶色等暗色搭配淡雅的灰色、米色是不是别有一番风味？P80 介绍了红茶染色的方法，亲们，快来挑战下吧。

特别的线送给特别的你

去饰品店或是线饰专卖店，会邂逅各式式样：系的丝带、挂的绒球、穿的圆环。线本身经过装饰，稍加修饰就可以成为很好的点缀。如果你觉得自己的作品还不够完美，就添加上几束这样的小纱线，会有很不错的效果哦。

一枚怀旧印章带你回到过去

选一印台，能在不同材质的手工艺品上留下自己喜欢的印章图案。本书中使用的是 Stazon 印台，可应用于塑料、金属、凝缩塑料、橡胶、皮革、聚合物、层合纸、涂料纸、照片、玻璃、陶器、透明薄板、涂饰等不同材质。既有古色古香的文字印（英语、法语等文字），又有可爱俏皮的图案印（动物、钥匙等图案），挑一枚自己喜欢的带回家吧。

摹写和裁切

在具有一定厚度的皮革上恰如其分的裁切可是需要一定秘诀的哦。
什么秘诀呢？
快来一起学习下吧。

必要工具

在本书中，画定位线时所用到的工具包括笔、锥子。切割时所用到的工具包括剪子和裁皮刀。

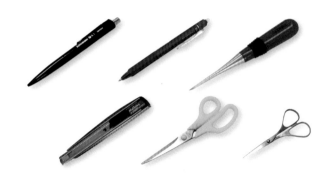

水银笔

皮革专用画线工具——水银笔。有些皮革经擦拭痕线会掉色（也有些皮革完全不掉色），所以建议切割时沿线条内侧进行。

清洗笔

如果想要可清除的线痕，就要靠清洗笔了，不过也有因字迹太深无法擦尽的情况，所以最好也是沿线内侧切割。

锥子

使用锥子时，非直握，而要有一定斜度。适当用力，直至革面出现轻微痕迹为止。

裁皮刀

制作书皮、包包时，需大幅直线切割，这时裁皮刀就派上用场了。美观起见，需要用钢尺辅助裁切。同时，因皮革具有一定厚度，亲们下手时不要太温柔哦。

大剪

准备一把大剪，即使是厚革，也可实现轻松裁切。友情提示：剪过皮革的剪刀再裁剪其他材质会变的钝一些，所以建议亲们买一把皮革专用剪刀。

小剪

遇到薄制皮革上的细小曲线，该怎么办？用大剪肯定效果不佳，此时配一小剪是极好的。拿小剪刀的手就专心裁剪，移动皮革的部分就交给另一只手吧。

浸湿和塑形

植鞣革易吸水，
可塑性强且极具立体感，强力推荐。

使用工具

本书中使用的浸湿工具为碗，当然也可使用其他容器替代。为吸收水分，需备毛巾一块。也可备一吹风机，达到快速干燥的效果。

具体过程

1. 确认皮革材质是否为植鞣革，因其他材质的皮革即使浸水后也难以塑形，所以请提前确认。

2. 将皮革浸入水中，等到水分全部浸入皮革方可取出。

3. 用毛巾轻轻擦拭皮革，吸收多余水分。

4. 开始塑形。吸收了水分的皮革柔软易折，放心尝试自己喜欢的形状吧。

5. 干燥皮革，可静置或用吹风机实现快速干燥。

植鞣革可塑性的利用

浸水后塑形的性质被称为"可塑性"。具有可塑性的皮革制品在日常生活中并不少见，比如"皮革刻印"（在裁革时利用相关刻印工具雕刻文字、图案等）和"皮套"（按在浸湿的皮革之上，将其塑造成一定形状）等技法就是利用了皮革的可塑性。

黏 合

皮革之间以及金属与
皮革间的黏合需要用黏胶。
在这一章，为大家介绍三种特质黏胶。

使用工具

如图所示，皮革和蕾丝的
黏合用到的是"木工用黏
胶"，金属与皮革的黏合用
到是"多功能黏合剂"，
另一种出口较细的是
"手工用黏胶"。

木工用黏胶

1. 皮革间或皮革与蕾丝的黏合用到的是木
工用黏胶，使用时轻轻用力，防止溢出。

2. 按照形状将两皮革重叠放置并用手压紧。
若有溢出，立即擦拭。皮革与蕾丝等布
料的黏合也可以使用此款胶水。

手工用黏胶

出口极小，适用于皮革与蛙嘴间隙部分的黏合。

多功能黏合剂

1. 若要在皮革上固定饰针、五彩发夹等金
属配饰，就要使用多功能黏合剂了。

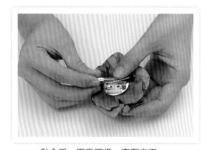

2. 黏合后，用手压紧，直至变干。

胶棒的使用

在皮革表面固定内里不平且材质较硬的
物品时，可使用胶棒。棒状的树脂遇热
熔化产生一定黏合力，遇冷凝固后可黏
着于物体表面，但因黏合牢度不高，不
适用于需要强黏力的部分。

金属配饰添加

在提手或项链上加入可爱的连接圈、马口夹，
是不是别有一番情趣呢？
在这里，将为大家介绍金属配饰的添加方法。

使用工具

首先要准备两把尖嘴钳和一把剪口钳。剪口钳用于调整链条的长度。

金属配饰的尺寸

本书中使用的金属配饰尺寸可参照如下：
连接圈：大（直径8mm），中（直径6mm），小（直径4mm）
龙虾扣：长11mm，宽6mm
马口夹：大（宽10mm），小（宽6mm）
九字针：选取心仪的珠珠饰品，根据珠孔大小选取相应饰针，本书中使用的饰针比珠珠长8mm
※ 九字针：细金属棒一侧呈环状的金属配饰
羊眼钉：直径为3mm
※ 羊眼钉：螺丝头呈环状的金属配饰
固定扣：为调节绳长添加的配饰

连接圈和龙虾扣

1. 使用两把尖嘴钳夹住连接圈左右两侧并施力扭动，直到开口为止。这里需要注意的是：开口过大很有可能折断，所以亲们手下留情啊。

2. 用连接圈连接龙虾扣和项链（或其他）。

3. 和开口相同，封口时用尖嘴钳夹住两端直至端口闭合。建议大家根据开孔大小选取相应配饰。

马口夹

1. 马口夹的夹口如鳄鱼牙齿般呈锯齿状排列。在蕾丝、缎带的顶部使用。为防止其脱落，内侧可涂少量胶水。

2. 根据马口夹的大小选取厚度适中的皮革。皮革太厚，马口夹就应付不了哦。

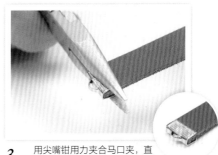

3. 用尖嘴钳用力夹合马口夹，直至锯齿与皮革牢牢固定。

金属卡具添加

使用金属卡具，可实现轻松固定皮革，
同时也是很好的装饰。
卡具颜色多样，可根据皮革颜色选取相应物品。

使用工具

在本章中用到的基本工具
有木槌、气眼垫板、铆钉杆、
万能钣金、气眼敲棒、圆冲，
橡胶板需要根据金属配饰
大小选择相应尺寸。

本书中使用的圆冲根据直径可划分为 5 种，从 1 mm
到 5 mm 不等。本书中使用的铆钉孔径为 7 mm，带
有铆头，呈半圆状。万能钣金表面凹凸不平，其中的
凹处是为防止枪头损坏而设计的，可根据铆钉大小选
择相应尺寸。本书中所使用的气眼孔径为 5 mm。

铆钉

1. 首先使用孔径 3 mm 的圆冲打孔，将橡胶板置于皮革下方，圆冲垂直放置。使用木槌敲击圆冲，直至出孔。

2. 打孔后如图所示。

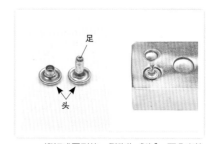

3. 铆钉成圆形的一侧称为"头"，而凸出的一侧称为"足"，头与足相扣共成一体。

4. 将铆钉安装在皮革上。

5. 将铆钉杆置于铆钉头部，使用木槌敲击以使其固定，之后转动铆钉判断其是否稳固。

6. 铆钉安装后皮革正面和床面如图所示。若内侧不平，可将气眼垫板平面一侧置于上方，用铆钉杆敲打，头部受压后自会变平。

气眼

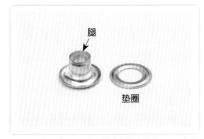

1. 使用气眼可起到保护凿孔的作用。本书中使用的是两面孔眼，由气眼腿和环状的垫圈组成。

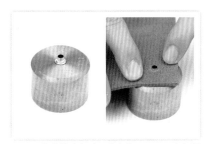

2. 在皮革上打孔，孔径为 5 mm。在气眼垫板内侧，将气眼腿一侧罩于垫板，垫圈一侧位于上方。

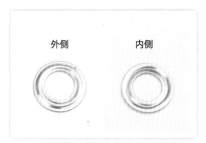

3. 如图所示，垫圈有两面，表面凸出的做气眼外侧部分。

4. 露出垫圈外侧，与气眼腿扣合。

5. 将大小适中的气眼敲棒插入孔内，辅以木槌敲击。敲击时要循序渐进，不可过于用力。

6. 气眼安装完成后和铆钉一样，需要用手晃动气眼确认其是否稳固。

和尚头钉

1. 和尚头钉的安装无须敲打工具，只需将主体罩于螺丝之上，拧紧直到稳固。本书中使用的和尚头钉为特小号。

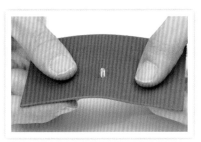

2. 用圆冲从床面打孔，孔径为 2 mm。

3. 为防止主体脱落，拧入螺丝前可在主体孔内涂抹少量胶水。

4. 为保证主体头部顺利通过，在覆盖的皮革上用孔径为 4 mm 的圆冲打孔。

5. 在距离孔 2 mm 的位置划下割口。

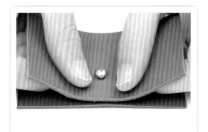

6. 将打好孔的皮革罩于本体头部之上，开始会比较紧，但随着使用时间变长，孔会撑大。

蛙嘴夹添加

在皮包封口处选用一枚可爱的蛙嘴夹，
怎么样？
快来一起学习下吧。

使用工具

在这一章的必备工具是手工用黏胶和纸带。手工用黏胶是为防止蛙嘴夹脱落，纸带则是塞入夹缝起到加固作用。此外，推荐备一平口夹用来夹取物品。

1. 蛙嘴夹分两侧，两侧中有夹缝。首先在夹缝中涂抹手工用黏胶，均匀用力，防止溢出。

2. 将提前裁切的皮革嵌入蛙嘴夹中。市面上的蛙嘴夹形状各异，不妨在买之前根据现有工具尺寸，使用纸张做一样本。

3. 根据蛙嘴夹的周长裁切纸带。可将纸带微卷以使胶水更好渗入其中。

4. 用镊子将卷好的纸带插入蛙嘴夹内侧。此时，胶水若有溢出，立即擦拭，以防留下污渍。若纸带过长，可适度裁剪，直至纸带端口完全进入为止。

5. 用平口夹夹住两端用力挤压，直到夹断，反面也是如此。若平口钳无法夹断，可使用锻工钳等相关工具代替。

纸带使用

纸带是由纸张捻搓而成，若遇到纸带太厚无法插入的，这时，可拆开纸带，切成细片，重新卷入。

印 章

在皮革上装饰印章图样已渐渐成为一种时尚，
用一点小技巧就会让整体大为改观。
信不信？快来尝试下吧。

使用工具

只需准备 stazon 印台和一枚自己心仪的印章。印台颜色丰富多彩，可尝试不同的颜色搭配哦。

印章的基本使用

1. 将使用 stazon 印台的印章轻轻一按，可爱的图案瞬时就定格在皮革上了。不要太纠结形状位置，自然就好。

2. 部分使用油墨、重叠盖印、调色搭配等，发挥你的想象力，创造属于自己的印章玩法吧。

使用提示

一般来说，小印章轻轻一按，图案就会清晰可现，反之可通过减少油墨达到朦胧美的效果。而大印章，均匀用力，皮革上才会出现清晰的图案。反之，可通过使用部分油墨、倾斜印章或使用边角部分达到朦胧美的效果。另外，印章的玩法不局限于某个标准，可以不一定精致，但一定要有个性哦。

怀旧风走起

1. 使用印台也可以让你的皮革小物变成有年代感的艺术品哦，只需将印台轻触边角，立即会有不一样的效果哦。

2. 如图，圆弧处也可添加。如此一来，你的皮革小物是不是给人一种上世纪的感觉呢？

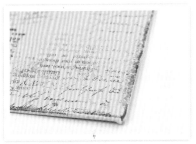

3. 印上的图案并非千篇一律，可插空盖印，自由发挥。

染 色

亲手为心爱的皮革小物染色，
看到皮革换上新衣，
是不是很有趣？

使用工具

使用到的工具如右图所示。
除此之外，还要准备一件耐
脏的衣服。同时，染色前在
桌上铺一塑料桌布，你就
不会担心"污染桌子"
了哦。

首先，准备自己喜欢的染料。如果是3种
染料混色搭配，需添水少许；其次是调色
盘和橡胶手套；最后是固色专用的皮革防
染剂。

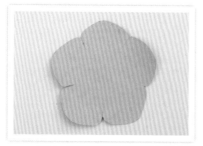

1. 准备一张表面没有经过任何加工的植
鞣革。

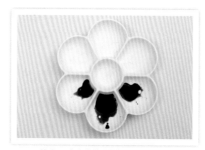

2. 将自己喜欢的染料放入调色盘中。

3. 依次加水少许，直至调出自己满意的颜
色。

如何染出自己心仪的颜色

一般来说，染料的浓度决定了染色的深
浅。如果不知应如何挑选颜色，可在皮
革边料上做试验，看下效果如何。这一
章介绍的是随意染色，与随意染色相
对的是"均一染色"，何为"均一染色"
呢？将毛刷按照一定速度和方向涂抹，
然后垂直涂抹多次，就可实现均一染色。
浓度高或混色的染料都能形成深色。快
为自己的皮革找一款合适的颜色吧。

4. 将毛刷充分浸入染料后开始涂抹，随意
涂抹，呈现颜色深浅不一的效果。

5. 第一遍染色结束后开始第二遍染色，直
至染出自己喜欢的颜色。

6. 混色涂抹会使颜色深度增加，建议大家事先在调色盘里调制好后再开始染色。

7. 干燥后的颜色比潮湿时浅一些，所以染的色要比自己想象的色彩深一些。

8. 最后在染好的皮革小物上喷上皮革防染剂，以防掉色。

道具使用小贴士

调色盘使用后即使经过清洗也会留下色痕，不妨使用一次性塑料盘或纸杯代替；毛刷使用后需清洗并干燥；铺在桌上的塑料薄膜也可使用托盘代替；使用皮革防染剂时需注意喷洒均衡，之后将物品放置干燥，最好选择室外或可通风的地方。

手工缝制

手工缝制是很多人的软肋。

其实，只要掌握基本技法，就会容易下手。

而且拥有了手工缝制的基础，很多其他材质的手工艺品都能游刃有余。

使用工具

除手缝线和缝针之外，用于穿孔用的菱錾也是必需工具。本章介绍的主要缝制技法为简单平缝。

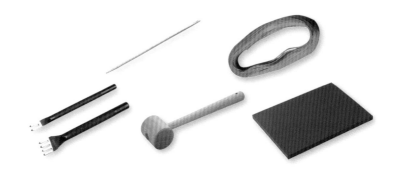

穿针

1. 备线。线长约是缝制距离的3~4倍，如图所示，先将线穿过针眼后，再将针穿线而过，确保针从线的螺纹正中央穿过。

2. 将线拉回。

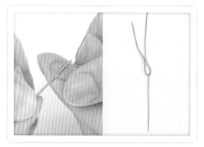

3. 将针从拧开的线中拉出，调整针的位置，用手指把刚才拧松的手缝线拧紧，轻轻拉试，直至位置固定。

打孔

1. 打孔前需要画线。市面上售有辅助画线的专用工具。在本书中使用的是钢尺和锥子。从距端口5mm的位置开始画线。

2. 根据线痕用菱錾打孔。打孔时，为保证间距一致，起始孔要与上一尾孔重叠。菱錾需要完全对准皮革，同样需要木槌敲打，确保打穿为止。

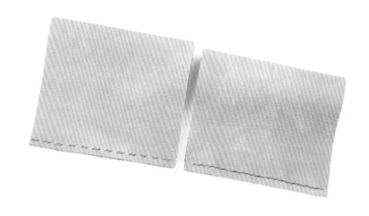

简单平缝

1. 首先要在线端打结，封口处可涂少许胶水，以防脱线。

2. 对准两块皮革，将针线插入边角一端，一针一针逐一引线。

3. 缝至尽头，可将线扣留在两皮革间或内侧然后剪断。在这里也可使用少量胶水点下线头，以防脱线。

重缝

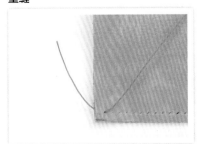

1. 无须在线端打结，留下线头长约6cm，将针插入内侧开始缝制即可。

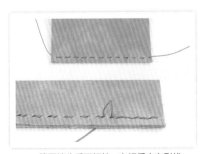

2. 缝至端头后不打结，向相反方向引线，返回。

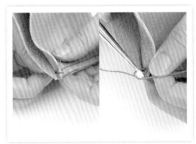

3. 缝至起始点，和之前余留的线头打结，切断余线涂以少量胶水固定即可。

床面处理

对皮革床面进行护理就要靠床面处理剂了。
床面护理也是一门学问，
让我们一起学习下吧。

使用工具

床面护理需要用到皮革专用的床面处理剂和刮刀。如果是大范围的刮拭，推荐使用玻璃板。

床面处理剂分为有色和无色两种，本书中使用的是无色的。此外记得准备打磨用的刮刀和玻璃板。

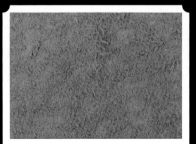

1. 未经清洁的床面易起毛，使用时易出现皮屑脱落的状况，为了解决这个问题，需要对床面进行处理。

2. 使用刮刀在床面涂上床面处理剂。要防止床面处理剂沾染到皮革正面，所以要倍加小心哦。

3. 使用玻璃板来回、快速、重复擦拭。

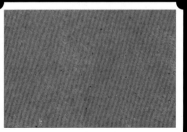

4. 经过处理的床面更光滑，且不易起毛，如上图所示。

皮革断面处理

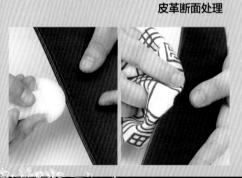

也可对皮革断面进行处理，特别是植鞣革，经过打磨，不仅表面更加光滑美观，耐用性也会提高。在断面上涂以床面处理剂少许，用刮刀或专用打磨工具刮拭，最后用布（帆布等）擦拭。多次打磨后，光泽好，颜色深度也会增加哦。

Lesson.1

速成手工艺品

剪刀一剪，
胶水一贴，
印章一按，
一枚复古又不失可爱的
创意作品就可呈现在面前了。
简单、实用、有趣，
选择一款你喜欢的作品和我们一起 DIY 吧。

no. 01

树叶杯垫

Leaf coaster

一枚落叶杯垫
带你感受生活的美好

Material ✂

< 使用皮革 >
植鞣革···厚 1.5 mm

< 金属配饰 >
迷你饰品（根据个人喜好选择）··············· 1 个
连接圈···中型 1 个

< 使用工具 >
水银笔、剪刀、印台（根据个人喜好选择）、印章、碗（用
来盛水）、毛巾、锥子、两把尖嘴钳

印章、浸湿、塑形三部曲，奏出和谐乐章。

皮革的浸湿和塑形详见 35 页

制作时间
30分

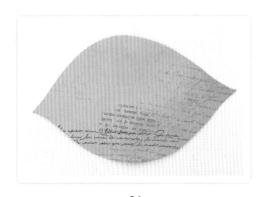

01

准备落叶纸样，覆于皮革之上，根据纸样裁切，之后再印一枚自己喜爱的印章。

02

将皮革浸入水中，直至完全浸湿，方可取出，用毛巾擦拭其多余水分。

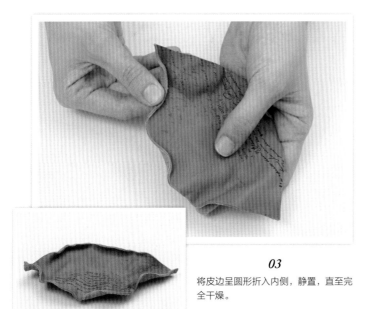

03

将皮边呈圆形折入内侧，静置，直至完全干燥。

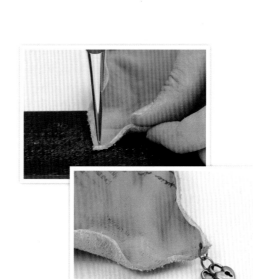

04

干燥后使用锥子在边缘处打孔，将连接圈或配饰穿入其中就 OK 啦！是不是很简单！

苹果鼠标垫
Apple mat

萌萌的苹果鼠标垫，
让人爱不释手。

制 作 时 间
20分

How to make ✂

< 使用皮革 >
皮革（任意种类）………………………… 厚 1.9 mm

< 制作方法 >
① 摹写，根据纸样在皮革上勾勒苹果线条。
② 裁切，根据线条裁切皮革。

< 提示 >
皮革厚度不够时可将两块皮革贴合在一起使用，顺序是先贴合再裁切。

四角收纳盒
Tray

裁切、浸湿，
轻松搞定皮革收纳篮。

制 作 时 间
20分

How to make ✂

< 使用皮革 >
植鞣制牛革……………………………… 厚 1.5~2 mm
尺寸：
※ 大号：280 mm × 165 mm（无须纸样）
　　小号：200 mm × 175 mm（无须纸样）

< 制作方法 >
① 按照上述提示裁切皮革
② 根据个人喜好装饰印章
③ 用水浸湿，将皮革四角收拢以固定，晾至皮革完全干燥。

复古风项链

Antique necklace

把皮革浸湿并使之起皱，
瞬间制造出复古的感觉。

制 作 时 间
30分

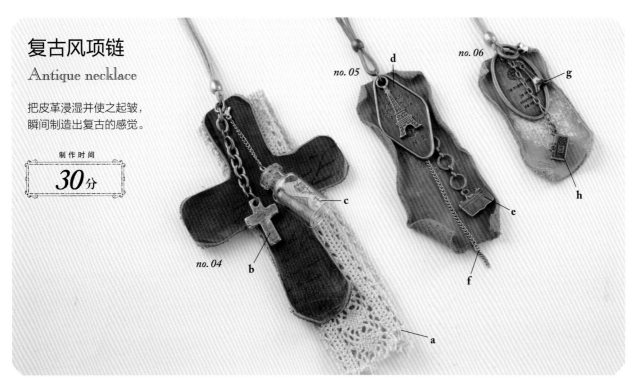

How to make [**no. 04**：十字架项链]

< 皮革素材 >

牛皮植鞣革	厚 1.5~1.8 mm
皮绳	长 80 cm
固定扣	1 个
大连接圈	1 个

< 饰品素材 >

a：棉质蕾丝 28 cm、大马口夹 1 个
b：中等连接圈 2 个、金属链长 4.5 cm、十字架配饰 1 个
c：小连接圈 2 个、龙虾扣 1 个、金属链 3 cm、羊眼钉 1 个、小玻璃瓶
　　1 个、邮票 2 张

< 制作方法 >

a. 把棉质蕾丝对折，用马口夹固定。
b. 用连接圈把金属链一端和十字架连起来，金属链另一端也连一个连接
　　圈备用。
c. 用连接圈把金属链一端和龙虾扣连起来；把邮票揉成一团塞进小玻璃
　　瓶，盖上软木塞，在软木塞上钉上羊眼钉，然后用连接圈把羊眼钉和
　　金属链的另一端连起来。
① 按纸样剪出所需皮革，在皮革上盖上自己喜欢的印章。
② 把皮革浸入水中后边缘捏皱。
③ 晾干之后用锥子钻孔。
④ 用连接圈把皮革和饰品 a、b、c 连接起来。
⑤ 把皮绳穿过连接圈，然后再穿过固定扣，在皮绳尾部打结就完成了。

How to make [**no. 05**：大梯形项链]

< 皮革素材 >

和 No.04 相同

< 饰品素材 >

d：埃菲尔铁塔配饰 1 个、菱形法语配饰 1 个
e：中等连接圈和小连接圈各 1 个、金属链长 6 cm、仿相机配饰 1 个
f：金属链长 10 cm

< 制作方法 >

e. 用小连接圈把仿相机配饰和金属链一端连在一起，另一端连一个中等
　　连接圈备用。
f. 把 e 的中等连接圈穿过金属链一端的孔。
① 和 No.04 一样，制作梯形皮革配饰，然后钻孔。
② 用连接圈把皮革和 d、e、f 连起来。
③ 把皮绳穿过连接圈，然后再穿过固定扣，在皮绳尾部打结就完成了。

How to make [**no. 06**：小梯形项链]

< 皮革素材 >

和 no.04 相同

< 饰品素材 >

g：小连接圈 2 个、金属链长 1 cm、埃菲尔铁塔配饰 1 个、椭圆法语配
　　饰 1 个、戒指配饰 1 个
h：小连接圈 2 个、金属链长 4 cm、仿相机配饰 1 个

< 制作方法 >

g. 把埃菲尔铁塔配饰和金属链一端用连接圈连在一起，另一端连一个连
　　接圈备用。
h. 把仿相机配饰和金属链一端用连接圈连在一起，另一端连一个连接圈备用。
① 和 no.04 一样，制作梯形皮革配饰，然后钻孔。
② 用连接圈把皮革和 g、h 连起来。
③ 把皮绳穿过连接圈，然后再穿过固定扣，在皮绳尾部打结就完成了。

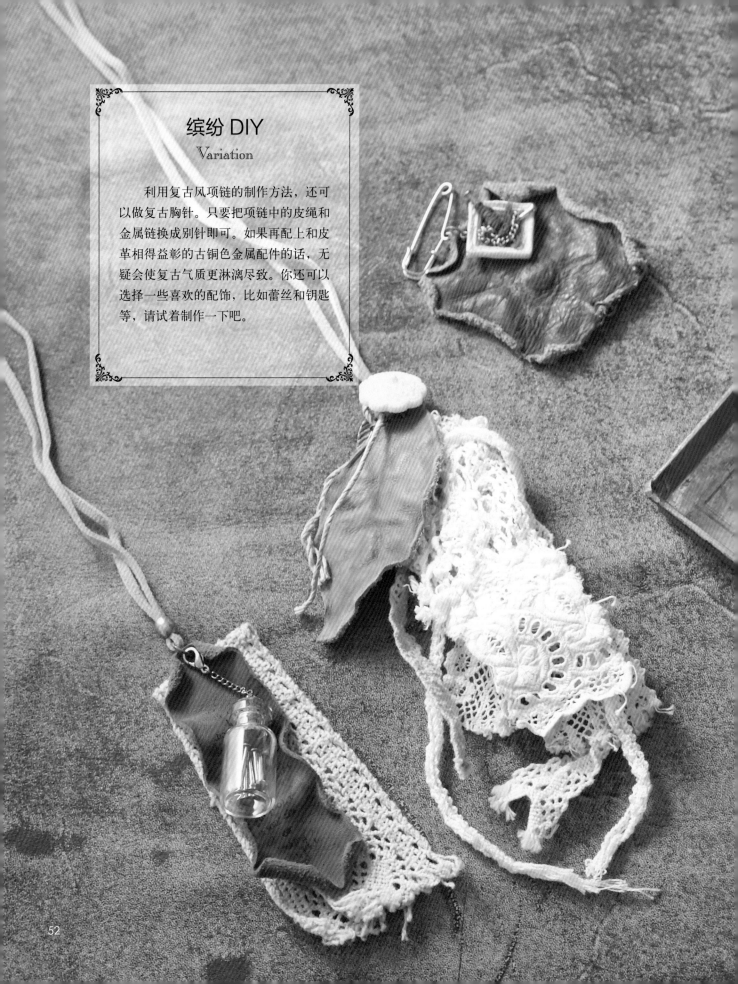

缤纷 DIY
Variation

利用复古风项链的制作方法，还可以做复古胸针。只要把项链中的皮绳和金属链换成别针即可。如果再配上和皮革相得益彰的古铜色金属配件的话，无疑会使复古气质更淋漓尽致。你还可以选择一些喜欢的配饰，比如蕾丝和钥匙等，请试着制作一下吧。

no. 07

振翅飞翔的小鸟项链

Bird necklace

用自己喜欢的颜色来制作吧
振翅飞翔的小鸟项链

Material ✂

< 皮革素材 >

颜色不同的皮革·· 厚 0.8~1.5 mm

※ 此处需要大鸟 3 个、小鸟 4 个

< 五金配饰 >

金属链（长 145 mm）2 条、大小连接圈各 1 个、中等连接圈 2 个、龙虾扣 1 个

< 工具 >

清洗笔、剪刀、个人喜欢的印章、印台、黏胶、锥子、剪口钳、尖嘴钳 2 把

只要将小鸟的皮革剪影连起来，
就成了时尚漂亮的小鸟项链。还可以通过盖章来增加韵味哦！

皮革裁切的诀窍在 34 页有详细介绍

制作时间

60分

01

首先按照图纸剪出 7 个小鸟的形状，可以使用不同颜色，然后将它们左右翻转或者盖章等备用。

02

把这 7 个小鸟排成一个半圆形，并按自己的喜好调整顺序，等确定顺序后把重叠的部分用黏胶粘起来。

03

等黏胶晾干以后，在两端最尖端的地方用锥子钻孔。

大连接圈

小连接圈 + 龙虾扣

04

在 2 条金属链的一端用小连接圈分别连上龙虾扣、大连接圈；在 2 条金属链的另一端分别连一个中等连接圈，再把中等连接圈分别穿过皮革上的孔即可。

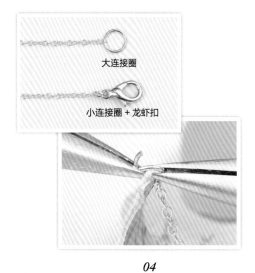

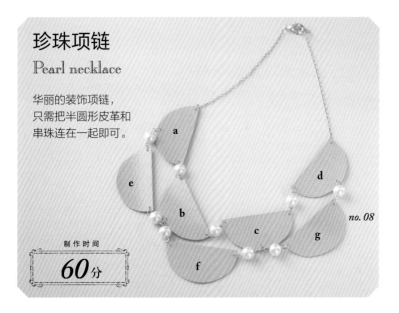

珍珠项链
Pearl necklace

华丽的装饰项链，
只需把半圆形皮革和
串珠连在一起即可。

no. 08

制作时间
60分

How to make

< 皮革素材 >
皮革（不限种类）……………………… 厚约 0.8 mm

< 其他素材 >
串珠（直径 8 mm）9 个、9 字针 9 个、金属链（长 9 cm）
2 根、大连接圈 1 个、小连接圈 21 个、龙虾扣 1 个

< 制作方法 >
① 按照图纸剪出 7 个半圆形皮革，其中 4 个（a~d）在
　 左、右、下三处用锥子打孔并穿上连接圈，3 个（e~
　 g）在左、右两处用锥子打孔并穿上小连接圈。
② 把 9 字针穿过串珠，并把尖端用钳子掰弯成圆圈。
③ 按照照片所示，把①和②用小连接圈连在一起。a 的左
　 边和 b 的右边分别用小连接圈连上金属链。
※ b 的下面的连接圈和 e 右边的串珠、f 左边的串珠一起
　 用另一个小连接圈连在一起。c 的下面的连接圈也一样。
④ 在 d 的金属链的另一端连上大连接圈，在 a 的金属链的
　 另一端连上小连接圈和龙虾扣。

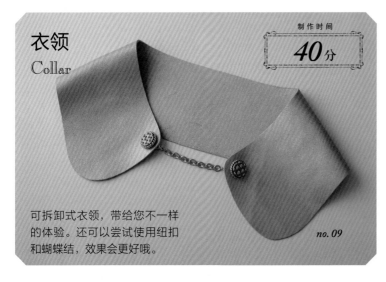

衣领
Collar

制作时间
40分

可拆卸式衣领，带给您不一样
的体验。还可以尝试使用纽扣
和蝴蝶结，效果会更好哦。

no. 09

How to make

< 皮革素材 >
羊皮等柔软的皮革…………………………… 厚约 1.2 mm

< 其他素材 >
高脚纽扣 2 个、大连接圈 2 个、小连接圈 2 个、金属链 1
根（长约 10 cm）、龙虾扣 2 个

< 制作方法 >
① 按照图纸大小剪出所需皮革。
② 参考图纸在皮革上要安装纽扣的 2 处（每处 2 个孔）做
　 记号，并用锥子钻孔。
③ 大连接圈穿过打好的 2 个孔，并在皮面一侧连上高脚纽扣。
④ 金属链两端分别连上小连接圈和龙虾扣，再把龙虾扣连
　 接到大连接圈上就完成了。

< 提示 >
金属链最好准备长一点的，可以根据实际情况调整长度。

信封
Letter Case

制作时间
30分

优雅的皮革袋，外表酷似
情书，还可以用来装书籍
和笔记，非常实用哦。

no. 10

How to make

< 皮革素材 >
牛皮…………………………………………… 厚约 1.3 mm
※ 准备 2 种颜色不同的皮革

< 制作方法 >
① 按照图纸大小剪出所需皮革。
② 床面朝上，参考图纸沿着左右的折线把皮革向内折，在
　 涂抹黏胶处涂抹黏胶。
③ 把皮革下部沿折线向上折起，和左右粘在一起。
④ 把皮革上部沿折线向下弯折，并压出折痕。
⑤ 在上部的涂抹黏胶处涂抹粘胶，粘上心形皮革。

巴黎风项链 & 双爱心发夹
Parisian necklace &
Double heart hair clip

no. 12

no. 11

制作时间
50分

漂亮的项链和可爱的发夹，色彩活泼可爱，图案优雅时尚，存在感极强，让你与众不同。

How to make ［**no. 11**：巴黎风项链］

< 皮革素材 >
皮革（不限种类）···································· 厚 0.8~1.5 mm
※ 此处主体需要皮革 2 块和蝴蝶结用皮革 1 块，共计 3 块

< 其他素材 >
相框配饰 1 个、王冠配饰 1 个、埃菲尔铁塔配饰 1 个、棉带 1 根、中等连接圈 2 个、大小连接圈各 1 个、金属链 80 cm 和 18.5 cm 各 1 根、龙虾扣 1 个

< 制作方法 >
① 按照图纸剪切出大皮革垫、小皮革垫、衬里、蝴蝶结主体、蝴蝶结带子所需要的皮革。
② 参考图纸在大皮革垫上粘上小皮革垫，并在小皮革垫的周围用多功能黏合剂粘上较短的那条金属链。
③ 用多功能黏合剂把配饰粘贴到小皮革垫上自己喜欢的位置。
④ 参考图纸，粘上皮革蝴蝶结（蝴蝶结的制作方法详见 92 页）。
⑤ 在棉带上盖上自己喜欢的印章，参考图纸把棉带用黏胶粘到大皮革垫的床面上。
⑥ 把衬里和大皮革垫床面相对，并用黏胶粘在一起。
⑦ 参考图纸在上部边缘处用锥子钻孔，并连上中等连接圈。
⑧ 金属链穿过⑦中的连接圈，一端连一个大连接圈，另一端连上小连接圈和龙虾扣就完成了。

How to make ［**no. 12**：双爱心发夹］

< 皮革素材 >
皮革（不限种类）···································· 厚 0.8~1.5 mm
※ 此处需要皮革三块

< 其他素材 >
纽扣 1 个、王冠配饰 1 个、蕾丝 2 种、网纱（100 mm × 300 mm）、发夹零件 1 个、金属链 15 cm 和 16 cm 各 1 根

< 制作方法 >
① 按照图纸剪出 A~D，以及 B 的衬里等心形皮革。
② 参考图纸把 A 和 B，C 和 D 粘在一起。
③ 在心形皮革 A、D 的周围用多功能黏胶粘上金属链。
④ 在自己中意的位置粘上配饰和蕾丝。
⑤ 把网纱折成几层并用黏胶粘贴到皮革下面，蕾丝也一样粘到皮革的下面。
⑥ 在衬里的中心靠上位置竖直切一个 1 cm 左右的切口。
⑦ 在心形皮革 B 的背面用黏胶粘上衬里。
⑧ 把发夹零件插入⑥的切口就完成了。

缤纷 DIY

Variation

　　学会了小鸟项链、巴黎风情项链的制作方法，就可以尝试 DIY 其他项链了，制作方法和前面相同，只要用皮革剪出喜欢的主题形状，再把这些皮革重叠起来制作就可以了。还可以加上皮毛和网纱，使饰品更加富有层次感。另外，用皮革剪切主题形状时，除了已有的纸样，还可以使用曲奇饼干的模具。用水银笔沿模具外侧画一圈，然后沿着画出的线剪下来就可以了。发挥自己的想象力尝试一下各种形状吧!

no. 13

笔记本
Pig skin note

使用轻薄结实的
猪革制作的笔记本

Material ✂

< 皮革素材 >

猪革‥‥‥‥‥‥‥‥‥‥‥‥‥‥‥ 厚度 1 mm 以下的皮革
※ 皮革宽 265 mm× 高 190 mm（图纸中无记载）

< 其他素材 >
DIY 笔记本材料包 1 套、橡皮绳 1 根（长约 18 cm）

< 工具 >
剪刀、裁皮刀、切割垫板、自己喜欢的印章、印台、手工用
黏胶、扁冲、锥子、抹胶片、橡胶板、木槌

猪革笔记本，使用的时间越长越有韵味，盖上印戳还能增加年代感哦！

盖印戳增加年代感的诀窍在 41 页有详细介绍。

制 作 时 间
60分

01

首先准备好笔记本内页部分。

02

剥掉厚纸板内侧的贴纸，和厚纸板尺寸一致的皮革床面粘在一起。

03

把粘好的皮革反过来，剥掉外侧的厚纸板。

04

把双面胶贴到边缘 4 处。

05

剥掉双面胶的贴纸，按照字母顺序把皮革折向厚纸板，注意折的时候要仔细、整齐。

06

角落处多余的皮革用手指向内侧按压粘好。

07

角落重叠的部分用黏胶再稍微黏合固定。

08

四条边都贴好时，笔记本的外壳就完成了。

09

在外壳的表面盖上自己喜欢的印章。

10

把外壳向内折叠，并放入内页，系上橡皮绳找出将要安装橡皮绳的地方。

11

参考图纸，在外壳上安装橡皮绳处做记号，并用扁冲打孔。

12

把橡皮绳对折，两头一起穿过打好的孔。插入时可以使用锥子等工具。

13

把橡皮绳从内侧抽出，放上内页，调整橡皮绳的长度。

14

调整好长度后保证在内侧露出的橡皮绳长 1 cm，如果过长就剪掉，在橡皮绳内侧涂抹手工用黏胶，并贴到外壳的内侧。

15

在内页上粘上环衬，剥掉环衬上的贴纸并将其固定在外壳的内侧。

16

合上外壳，在笔记本的沟状部分用抹胶片摩擦出形状就完成了。

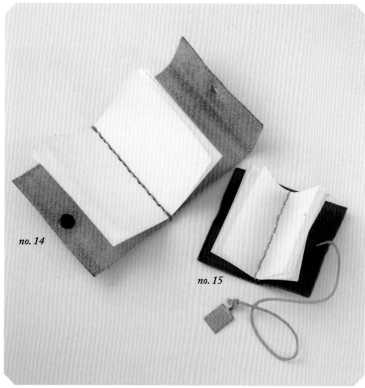

袖珍小本
Miniature book

可以挂着当装饰，
也可以当作钥匙包使用，无论怎么用都很可爱。

皮革缝制方法在 44 页有详细介绍。

制作时间
50分

How to make ［no. 14：和尚头钉固定］

＜皮革素材＞
皮革（不限种类）··························厚 1.2 mm

＜其他素材＞
和尚头钉 1 个、白纸 6 张（85 mm×65 mm）

＜制作方法＞
① 按照图纸大小剪出所需皮革，并盖上自己喜欢的印章。
② 参考图纸在皮革的皮面上用锥子标记出将要缝合的位置。
③ 把白纸的中心和缝合线重叠，和皮革一起打出孔，并缝合。
④ 参考图纸上和尚头钉的安装位置和穿过位置，用直径为
　 3 mm 的圆冲打孔。
⑤ 和尚头钉穿过位置孔的上下切出约 2 mm 的切口。

How to make ［no. 15：系绳式］

＜皮革素材＞
皮革（不限种类）··························厚 1.2 mm

＜其他素材＞
绳子 25 cm、白纸 10 张（55 mm×52 mm）、金属牌配饰 1
个、玫瑰配饰 1 个、小连接圈 1 个

＜制作方法＞
① 按照图纸大小剪出所需皮革，并盖上自己喜欢的印章。
② 在皮革的中心画线，用锥子在皮面上标记出将要缝合的位置。
③ 把白纸的中心和皮革缝合线重合，和皮革一起打出孔，并
　 缝合。
④ 参考图纸在皮革上要打孔的地方做记号，用直径为 2 mm
　 的圆冲打孔。
⑤ 绳子从床面穿过打好的孔，打结。
⑥ 把金属牌配饰和小连接圈连在一起，并把绳子的另一端穿
　 过小连接圈并打结。
⑦ 在本子的皮革正面用多功能黏合剂贴上玫瑰配饰。

no. 16

no. 17

针线包
Dress pin case

外表酷似袖珍小本,
蕾丝装饰更显可爱。

制 作 时 间
***40*分**

How to make ［ **no. 16**：系绳式 ］

<皮革素材>
皮革（不限种类）……………………… 厚 1~1.2 mm

<其他素材>
皮革绳（粗 1~1.5 mm）22 cm、樱桃配饰 1 个、蕾丝 11 cm、
小皮革带（3 mm×25 mm）2 根、毛毡（30 mm×40 mm）
1 块

<制作方法>
① 按照图纸大小剪出所需皮革。
② 皮面朝上,在蕾丝上涂抹黏胶,并把蕾丝横向粘到皮革中
   心处。多余的蕾丝向床面弯折并用黏胶粘合。
③ 床面朝上,在右侧的蕾丝中央用黏胶粘上皮革绳的一端。
   在小皮革带的床面涂抹黏胶,并把它粘到蕾丝的端部。
④ 左侧蕾丝的端部也一样粘贴小皮革带。
⑤ 在毛毡边缘 5 mm 范围内涂抹黏胶,并把它粘贴到床面的
   右侧中央处。
⑥ 在皮革绳的另一端系上樱桃小配饰。

How to make ［ **no. 17**：摁扣式 ］

<皮革素材>
皮革（不限种类）……………厚 1~1.2 mm

<其他素材>
自己喜欢的刺绣图案 1 个、蕾丝带 15 mm×35 mm 和
20 mm×100 mm 各 1 条、毛毡（固定珠针用 40 mm×30 mm）
1 块、毛毡（摁扣用直径 15 mm）2 块、摁扣 1 组

<制作方法>
① 按照图纸大小剪出所需皮革,并对折压出折痕。
② 把长蕾丝带缩缝成 5 cm,使之产生褶皱。
③ 床面朝上,在对折过的皮革右侧的上部粘上②缩缝后的蕾
   丝带,再在上面稍微错开用黏胶粘上短蕾丝带。
④ 在毛毡距离边缘 5 mm 处涂抹黏胶,并把它粘贴到蕾丝的
   下方。
⑤ 把摁扣的子扣、母扣分别和摁扣用毛毡缝在一起。
⑥ 参考图纸安装摁扣的位置,在床面的左侧、右侧分别用黏
   胶固定⑤的子扣、母扣。

no. 16

no. 17

缤纷 DIY

Variation

　　本书中的笔记本使用的是猪革，其他动物的皮革也可以用来做笔记本，但皮革过厚，折叠的效果就不好，做出的笔记本外观不美，所以使用牛皮等皮革时，首先要把皮革削薄到厚约 1 mm 左右。另外，制作方法里介绍了用橡皮绳固定笔记本的方法，此外，还可以在封面上固定高脚纽扣然后缠绕绳子加以固定（如图所示）。还可以在这些绳子上穿上一些可爱的纽扣和小配饰，笔记本就立刻变得引人注目起来。

Column.1

品味皮革

大家在初次面对皮革时可能会想："皮革有那么多种，在选择时是不是有许多规则呢？"事实上选择皮革并不难，从要做的作品出发，看一看、摸一摸，从中选择自己喜欢的就可以了。

本书中使用的皮革主要是用一般的剪刀或裁皮刀就能够剪切的厚约 1 mm 左右的皮革。前面 30 页介绍过，根据动物种类和鞣制方法的不同，皮革的质地也会不同。

例如，牛皮的植鞣革就有吸水性好、吸水后变软可变形、晾干后不恢复原形的特点。将牛皮植鞣革浸水，然后揉皱，就能制造出复古的感觉。而羊皮具有柔软而有弹性的特点，可以营造出安静柔和的气氛，所以一般用于制作少女风或温馨浪漫的包和小饰品。

另外，即使是同一种皮革，也会由于加工方法的不同产生不同的效果，比如对皮革表面进行抛光处理和磨损处理得到的皮革风格就截然不同。

把皮革放在手上把玩，随心所欲的抚摸、揉弄、弯折、抓捏、捻动，创意也会源源不断地在大脑里涌现吧。

把皮革按照图纸剪切，就得到了可爱的主题形状，可以说剪切好皮革就完成了一大半。再用黏胶等把剪切好的皮革简单地粘贴在一起，皮革就立刻变身成了精致的装饰品。

请您一边接触更多种类的皮革一边构思着自己想要制作的皮革饰品吧。

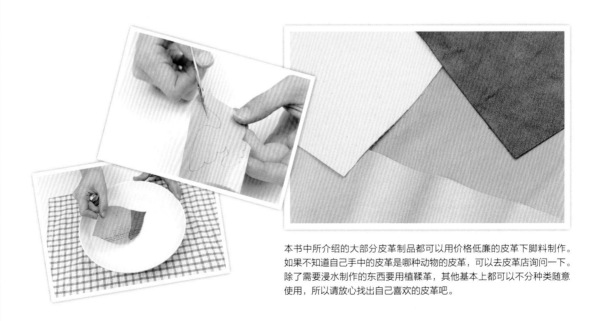

本书中所介绍的大部分皮革制品都可以用价格低廉的皮革下脚料制作。如果不知道自己手中的皮革是哪种动物的皮革，可以去皮革店询问一下。除了需要浸水制作的东西要用植鞣革，其他基本上都可以不分种类随意使用，所以请放心找出自己喜欢的皮革吧。

Lesson.2

蛙嘴式小钱包和
金属配件饰品

使用五金配饰和金属卡具，
不用缝也能制作简单小饰品。
方便的金属配饰能和皮革相得益彰，
朴素典雅的女士手提袋、
精致的手包、可爱的迷你小钱包、
优雅的装饰皮带，我们将为您一一介绍。

no. 18

装饰带

Decoration belt

可随意变化和搭配

Material

< 皮革素材 >

牛皮························ 厚 1.7~2.2 mm

< 五金配饰 >

中等铆钉 5 个、金属圆环 4 个、皮带扣 1 个（内直径约 21 mm）、小连接圈 2 个、龙虾扣 2 个、60 cm 金属链 ※1 条 ※ 可用珠串链代替金属链

< 工具 >

钢尺、裁皮刀、切割垫板、圆冲（直径 2 mm、3 mm、 4 mm）、铆钉杆、全能钣金、尖嘴钳 2 把

只要把做好的皮革带和自己喜欢的金属链或围巾连起来，就变成了极具个性化的、可以自由搭配的装饰带。

金属卡具的添加详见 38 页

制作时间
80分

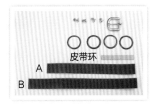

01
按纸样裁切皮料，准备五金配饰

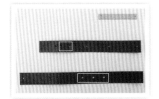

02
按图纸上的标注用圆冲打孔。白线圈出来的孔是为皮带扣的扣针准备的。

03
在皮革带 A 的两个孔中间切割出一个椭圆的孔，用来穿过扣针。

04
把皮带扣穿过皮革带 A 的左侧，并让扣针从内侧穿过椭圆孔。

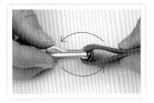

05
如图把左侧的皮革带弯向右侧，并把扣针拨回原来的位置。

06
把皮带扣的根部用铆钉固定。

07
把制作皮带环儿的皮革条两端重叠，使之成为一个圈，并用铆钉固定。

08
把 07 中做好的皮带环儿从左侧穿进皮革带 A。

09
把皮带环儿穿到皮革带 A 的底部，也就是有皮带扣的一端，把皮带环夹在皮革中间，并在旁边用铆钉固定。

10
在皮革带 A 的左端穿 2 个金属圆环，并将 A 弯折使位于端部的 2 个孔重合。

11
将铆钉通过 10 中的孔加以固定。

12
连 2 个金属圆环的目的是为了能够挂上金属链或钥匙等自己喜欢的小配饰。

13
同样在皮革带 B 的一端也穿过 2 个圆环，用铆钉固定。

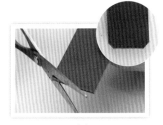

14
把皮革带 B 没有穿圆环的一端的角用剪刀剪 2 个斜角。

15
装饰带完成后的样子。

16
金属链两端分别连接连接圈和龙虾扣，把龙虾扣分别和皮革带上的金属圆环连在一起就可以使用了。

不用缝的手提包
Tote bag

制作时间
120分

no. 19

no. 20

女式手提袋，气质柔美，
结构简单又不失时尚韵味

How to make ［no. 19：红色］

< 皮革素材 >
牛皮·· 厚 1.2 mm
※ 因为图纸上画出的包体只有一半，所以在剪切的时候要注意把纸样在写着"对折"的地方翻转，然后剪出完整的包身。提手要剪 4 根，每 2 根贴合在一起使用。

< 其他素材 >
铆钉 28 个、丝带（2 cm×120 cm）

< 制作方法 >
① 按照图纸大小剪出 1 个包体、4 根提手所需的皮革。
② 包体的皮革正面，在边缘 15 mm 范围内涂抹黏胶，并将边缘重合贴在一起。
③ 参考图纸在距离边缘 7.5 mm 处用直径 3 mm 的圆冲打孔，并安装铆钉。
④ 在做提手用的皮革的床面涂抹黏胶，每 2 根贴合在一起，做出 2 根提手。
⑤ 把缝好的包体反过来，参考图纸在要安装提手的位置做记号，并用金属夹暂时固定提手。参考提手的图纸，在要安装铆钉的位置做记号，在包体间放入软质冲板，用直径 3 mm 的圆冲打孔，并安装铆钉。
⑥ 最后在提手的铆钉中间穿过丝带并将丝带打出蝴蝶结即可。

How to make ［no. 20：黑色］

< 皮革素材 >
包体 羊皮 ·· 厚 1.2 mm
提手 牛皮 ··· 厚 1.5~2 mm
※ 和红色女式手提袋一样，因为图纸上画出的包体只有一半，所以在剪切的时候要注意把纸样在写着"对折"的地方翻转剪出完整的包身。

< 饰品素材 >
铆钉 28 个

< 制作方法 >
① 按照图纸大小剪出 1 个包体、2 根提手所需的皮革。
② 包体的皮革正面，在边缘 15 mm 范围内处涂抹黏胶，并将边缘重合黏在一起。
③ 参考图纸在距离边缘 7.5 mm 处用直径 3 mm 的圆冲打孔，并安装铆钉。
④ 在做提手用的皮革的床面盖上自己喜欢的印章。
⑤ 把缝好的包体反过来，参考图纸在要安装提手的位置做记号，并用金属夹暂时固定提手。参考提手的图纸，在要安装铆钉的位置做记号，在包体间放入软质冲板，用直径 3 mm 的圆冲打孔，并安装铆钉。

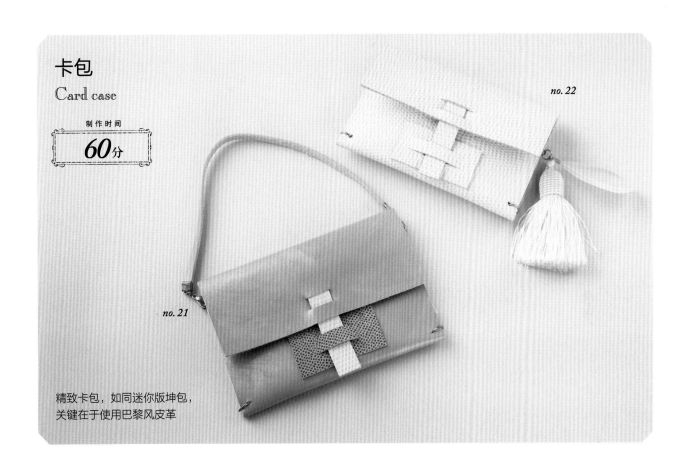

卡包
Card case

制作时间
60分

精致卡包，如同迷你版坤包，
关键在于使用巴黎风皮革

no. 21

no. 22

How to make ［**no. 21**：蓝色卡包］

< 皮革素材 >
皮革（不限种类）·· 厚 1.3~1.5 mm

< 其他素材 >
小马口夹 2 个、龙虾扣 2 个、大连接圈 4 个、小连接圈 2 个

< 制作方法 >
① 按照图纸剪出所需皮革。在皮革的上部和固定用皮革底座上分别切出
　 2 个切口。
② 参考图纸把皮革沿折线弯折，并在两侧夹上金属夹暂时固定。
③ 参考图纸在要挂连接圈的地方用锥子钻出 4 个孔，并挂上大连接圈。
④ 把长方形的固定用皮革插入①中皮革上部的切口，并把它和包体重合
　 的部分用黏胶贴合。
⑤ 把固定用皮革底座粘到包体上，粘之前先盖上包盖确认好位置，保证
　 长方形的固定用皮革能够穿过固定用皮革底座。
⑥ 提手两侧夹上马口夹，再连上小连接圈和龙虾扣，最后把龙虾扣挂在
　 上方的 2 个大连接圈上就完成了。

How to make ［**no. 22**：白色卡包］

< 皮革素材 >
皮革（不限种类）·· 厚 1.3~1.5 mm

< 其他素材 >
大连接圈 4 个、小连接圈 2 个、羽毛配饰 1 个、流苏 1 个

< 制作方法 >
① 包体的制作方法和 **no. 21** 相同。
② 包体完成后把羽毛配饰和流苏用小连接圈连到包体的大连接圈上即可。

缤纷 DIY

Variation

　　本书中所介绍的女士手提袋无须缝制，并且包身大小和提手长度的修改都很方便。在改变大小时，可以先用纸或者布尝试制作，看一下效果。根据所使用的皮革的质地选择铆钉的种类，再搭配金属链还能营造出干练硬朗的感觉。不同的搭配可以创造出不同的氛围，这也是皮革的魅力之一。

no. 23

迷你蛙嘴式小钱包
Mini metal clip

装饰着飘逸蕾丝
精致又典雅

Material

< 皮革素材 >
皮革（不限种类）······················ 厚 1.3~1.5 mm

< 其他素材 >
小钱包金属卡口 1 个（长 8 cm、宽 4 cm）、纸捻（长度约等于金属卡口的周长）、蕾丝（长度约等于金属卡口的长）、流苏 1 个、大连接圈 1 个

< 工具 >
清洗笔、剪刀、黏胶（建议用手工用黏胶）、锥子、软质冲板、平口夹

迷你蛙嘴式小钱包，尺寸与印章盒相仿，用来装钥匙等小东西非常便利。

蛙嘴夹的添加在 40 页有详细介绍。

蛙嘴夹的添加在 40 页有详细介绍。

制作时间
70分

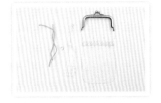

01

按照图纸剪切出适合小钱包金属零件大小的皮革。

02

打开金属卡口，在槽里涂抹黏胶，并把皮革插入一侧的槽内。

03

把纸捻缓慢地塞入槽内，用锥子等塞紧。

04

皮革另一端插入另一侧槽内。纸捻过长时先将纸捻剪短再塞入槽内。

05

在钱包表面插入蕾丝，正式插入前先确认一下蕾丝的长度。

06

把蕾丝边缘修剪的和金属卡口弧度相符。

07

用锥子把蕾丝塞入金属卡口内。注意不要伤到皮革。

08

装好蕾丝的钱包。

09

打开金属卡口，用平口夹夹紧卡口的端部。

10

垫上软质冲板，从包的内侧在底部的边缘用圆冲打孔。

11

在打好的孔里穿一个连接圈。

12

在连接圈上挂上流苏就完成了。

蝴蝶结小钱包

no. 24

How to make

< 皮革素材 >
皮革（不限种类）…………… 厚 1.3~1.5 mm

< 其他素材 >
小钱包金属卡口 1 个（长 8 cm、宽 4 cm）、纸捻（长度约等于金属卡口的周长）、金属小配饰 1 个、中等连接圈 1 个

< 制作方法 >
① 按照上面的包体制作方法做好包体。
② 打好孔之后穿一个中等连接圈，然后挂上自己喜欢的金属小配饰。
③ 参考第 92 页的蝴蝶结制作方法，剪下与图纸大小相同的皮革制作蝴蝶结，在蝴蝶结的内侧涂抹黏胶并把它和包体粘在一起就完成了。

no. 25

no. 26

搭扣式手包
Clutch bag

只需在金属模具上粘贴皮革，
内部也要记得粘贴皮革哦。

How to make

<皮革素材>
牛皮（用于表面）·· 厚 0.5 mm
不限种类（用于衬里）····································· 厚 0.5 mm

<工具>
手包用金属卡具 1 套

<制作方法>
① 按照图纸剪出所需皮革（还可以盖上自己喜欢的印章）。
② 在手包主体模具表面涂抹黏胶，粘贴皮革到模具上，保证边缘有 3 mm 剩余，并将这
　　3 mm 向里包裹住模具。四角处间隔 5 mm 剪出切口，沿着模具的弧度仔细贴好。
③ 模具内侧也和表面一样贴好皮革。
④ 在金属框的槽内涂抹黏胶，将③嵌入金属框即可。

<手包用金属框 + 模具>　　　　　<金属框>　　　　　<模具>

盒坠项链
Locket Pendant

盒坠项链，朴实无华，
保管着心底的秘密。

金属卡口的使用诀窍在 40 页有详细介绍

How to make

<皮革素材>
皮革（不限种类）··· 厚约 1 mm

<其他素材>
金属卡具 1 个、纸带（长度适用于金属卡口）、小相框配饰 1 个、照片 1 张、姓名标签 1
张、钥匙配饰一个、小连接圈 2 个、中等连接圈 1 个、金属链 80 cm 和 6 cm 各 1 根

<制作方法>
① 按照图纸剪切出所需皮革，并安装到金属卡口上。
② 打开金属卡具，在其中一面粘贴姓名标签，另一面粘上照片和小相框配饰。
③ 把 80 cm 的金属链穿过金属卡具的悬挂孔，金属链两头用小连接圈连在一起。
④ 把钥匙配饰用小连接圈连到 6 cm 金属链一端，另一端用中等连接圈连到金属卡具的
　　悬挂孔上。

缤纷 DIY
Variation

制作迷你蛙嘴式小钱包和手包样式的卡包时，使用的皮革和素材决定了成品的风格。比如给迷你小钱包装饰上蕾丝或是毛皮，营造出华丽的感觉；还可以在卡包的包盖部分加蕾丝，把提手换成金属链……另外，采用不同的固定方法，例如用和尚头钉固定和用绳子环绕固定的效果也截然不同。制作这些东西所需皮革不多，方法简单易学，作品还可以当作礼物送给别人哦。

Column.2

简易红茶染色法

皮革给人的第一感觉是稍微有点冷硬，但是如果你尝试着搭配组合，就会发现皮革也很适合做少女系饰品。

复古的纽扣、飘逸的蕾丝、糖果色的蝴蝶结、晶莹可爱的串珠、闪闪发亮的金属配饰，还有各色宝石，把这些手工素材组合、拼接、粘贴，就得到了世界上独一无二的装饰品。

把白色的布料或蕾丝用红茶染色、在碎布头上盖上印戳制造年代感等，只要简单加工就变成了皮革的完美搭档。

这里给大家介绍简易红茶染色法。所需材料有小锅、红茶茶包、盐。首先在小锅内加水、放入红茶茶包，并煮至沸腾。水沸腾之后加入一大勺盐防止掉色。等盐溶化之后，放入要染色的蕾丝或布料。因为蕾丝的种类不同所以着色情况也不同，有易着色和不易着色之分，因此要时刻关注锅内蕾丝颜色的变化，等蕾丝的颜色达到想要的效果时取出，之后水洗即可。

利用红茶染色时，由于茶叶的种类不同，其颜色也会不同，所以请选择一种自己喜欢的颜色。

原本雪白的蕾丝，染上了淡淡的茶色，复古的感觉油然而生，和皮革也就更相配了，还带着茶香，一定尝试一下哦。

如图是用红茶染色后的蕾丝。染色后的蕾丝呈现出淡淡的茶色，和皮革更搭配。因为是自己亲手做的，所以应该会更加有成就感吧。此外，收集自己喜欢的各种小配饰也是一件不失乐趣的事，这些东西即使只是欣赏也会给人一种幸福感。

Lesson.3

皮革花朵和
手缝小饰品

朴素的书皮、小巧的手包，
只需要简单缝制就能完成。
手工染色的皮革花朵，
创造独属于您的色彩。
只要稍加雕琢就立刻熠熠生辉，
让人爱不释手。

no. 27

浪漫的皮革装饰花
Leather flower
别具一格令你容光焕发

Material ✂

< 皮革素材 >
猪皮⋯⋯⋯⋯⋯⋯⋯⋯⋯⋯⋯⋯ 厚 1mm
※ 按照图纸剪切皮革，大的 2 个、中等 2 个、小的
　3 个

< 五金配饰 >
鱼嘴夹⋯⋯⋯⋯⋯⋯⋯⋯⋯⋯⋯⋯⋯ 1 个

< 工具 >
染料、水、调色盘、毛刷、手套、锥子、橡胶板、手
缝线、手缝针、皮革防染剂、多功能黏合剂

皮革装饰花，花瓣丰满、
色彩自由、独一无二。

染色方法详见 42 页

制 作 时 间
120分

01
按照图纸剪出所需皮革花瓣。这里
介绍的是大花朵的制作方法。尺寸
不同但制作方法仍相同。

02
花瓣与花瓣之间全部剪出 1 cm 的
切口，小花瓣之间剪出 0.5 cm 的
切口。

03
把花瓣染上自己喜欢的颜色。

04
染色完成后稍微晾晒至皮革微微
湿润。

05
把花瓣按照大、中、小的顺序叠在
一起，并使之稍微错开。

06
把花瓣放在软质冲板上，用锥子在
中心处钻 2 个孔。

07
如图是钻好孔的花瓣。

08
把皮革花瓣缝在一起，结打在背面。

09
把缝好的花瓣用手揉成团，皮革必
须要在湿润的情况下才能成形，当
湿度不足时可以使用喷雾器等增加
湿度。

10
抓住底部绳结，把揉皱的花瓣全部
展开。

11
在花瓣下加蕾丝时内侧要尽量展
平，直接粘鱼嘴夹时不用展开的那
么平（no. 28 也是如此）。

12
当花瓣形状做好时，喷上皮革防染
剂，注意要在通风状况良好的地方
进行。

13
在鱼嘴夹的表面涂抹多功能黏合剂。

14
把皮革花和鱼嘴夹粘到一起，在黏
合剂晾干之前要按压固定一会儿。

15
黏合剂晾干就完成了。

no. 28

胸花

Flower corsage

以皮革装饰花朵为基础，可衍生出多种装饰品，在花朵的基础上增加层次感，营造华丽的氛围。

制 作 时 间
120分

How to make

< 皮革素材 >
猪皮 （花瓣）·············· 厚 1 mm
※ 按照图纸剪出花朵所需皮革，大的 2 个、中等的 2 个、小的
　 3 个；长方形皮革 1 个（颜色与花朵不同，20 cm×6 cm）
种类不限（底座）·············· （厚 55 mm）

< 其他素材 >
鱼嘴夹 1 个、2 种蕾丝各 1 枚、网纱 1 块（20 cm×8 cm）、
羽毛 1 根

< 制作方法 >
① 参考 83 页制作皮革装饰花。
② 在皮革花的下面按照顺序用黏胶粘上网纱、蕾丝、长方形
　 的皮革、羽毛。网纱和长方形的皮革要折叠做出褶皱的效
　 果，产生层次感。
③ 在②的反面中心处涂抹黏胶，并把它和底座用皮革粘在一
　 起，在底座上部用多功能黏胶粘上鱼嘴夹。

no. 29

小花发夹

Valletta

皮革花朵装饰的发夹，皮革质感散发成熟魅力，
三朵小花融合多种颜色。

制 作 时 间
120分

How to make

< 皮革素材 >
猪皮·············· 厚 1 mm
※ 按照图纸剪切出制作 3 朵小花所需的皮革素材

< 其他素材 >
弹簧夹·············· 1 个（长 8 cm）

< 制作方法 >
① 参考 83 页制作皮革装饰花。
② 用多功能胶把 3 朵皮革花粘在弹簧夹上。

花朵耳环

Small pierce

体形虽小，却极具存在感。

no. 30

制 作 时 间
120分

How to make ✂

< 皮革素材 >
猪皮……………………………………………………… 厚 1 mm
※ 按照图纸剪切出制作 2 朵最小号的花朵所需的皮革素材

< 其他材料 >
9 字针 2 根、小连接圈 4 个、耳环零件 2 个、2 种串珠各 2 个

< 制作方法 >
① 参照 83 页制作皮革装饰花。
② 在 2 根 9 字针上分别串上 2 种类型的串珠各 1 个，并把尖端弯成一个
　圆形。
③ 在皮革花瓣的最下方用锥子打 1 个孔。
④ 把连接圈穿过打好的孔连上 9 字针，9 字针的另一端用连接圈连上耳
　环零件。

< 提示 >
在缝制花朵的时候，最好把结打在花心的部分（也就是把花瓣揉成一团
时藏在花瓣中央的部分）。

缤纷 DIY

Variation

　　给一些不起眼的装饰品加上花环或相框支架，它们就立刻变得温馨浪漫起来，然后摆放在合适的位置观赏最合适不过了。将数根金属丝一起插入花朵中心位置，然后把皮革卷起来，一朵美丽的皮革花朵就完成了。皮革花朵的尺寸和颜色可以根据个人喜好调整，所以您可以按照自己的喜好和想象尽情地创作。当然做好的皮革花朵用途也是各种各样，启动您的双手，相信您一定会很享受制作的过程。

no. 31

手缝书皮
Book cover

使用的时间越长
越爱不释手

Material

< 皮革素材 >
皮革（种类不限）······················ 厚 1.7~2.2 mm

< 其他素材 >
书签用绳子···························· 长 30 cm
自己喜欢的小配饰····················· 1 个
连接圈（和配饰尺寸相当）············· 1 个

< 工具 >
钢尺、裁皮刀、切割垫板、黏胶、锥子、剪刀、菱錾
（齿距 4 mm）、手缝线、手缝针、圆冲（直径 2 mm）、
尖嘴钳 2 把、橡胶板、木槌
※ 如果要做带皮革带的书皮，还需准备皮革带、皮带环
　 儿、皮带扣（宽 13 mm）、小铆钉 5 个、长 10 cm
　 的橡皮绳 1 根。皮革带的制作方法参考 68 页的内容。

袖珍本尺寸的书皮，只需稍稍缝制就可轻松完成，
加上书签和装饰配饰就更完美了。

手缝方法详见 44 页

制作时间
50分

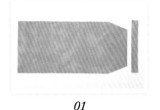

01

按照图纸剪切出主体部分和皮革带。

02

参考图纸，在主体部分床面的左侧涂抹黏胶处抹上黏胶。

03

把左侧弯折，并粘在一起。

04

在距离上下边缘 3 mm 处画线。

05

从主体部分右侧 9 cm 处开始涂抹黏胶，涂抹范围为 2 cm，并粘上皮革带。

06

和 04 一样在皮革带上画线。

07

用四齿菱錾沿着画好的线打孔，注意上下孔的位置和数目保持一致。

08

皮革带只需要用四齿菱錾打一次，打出 4 个孔即可。

09

如图是打好孔的状态。

10

缝合，先单向缝一遍再反向缝合，不用打结，针从皮革的内侧穿入。

11

先单向缝一遍缝到头，再反向缝到最初的针孔。

12

最后把针从皮革内侧抽出，把末端线和起始线头打结，并用黏胶固定。

13

皮革带一样用线缝好，如图是缝好的状态。

14

参考图纸，在要连书签的地方用锥子做标记，并用直径为 2 mm 的圆冲打孔。

15

准备好做书签用的绳子和自己喜欢的配饰，把绳子穿过步骤 14 中打好的孔，给袖珍本包上书皮，并调整绳子的长度。

16

绳子的另一端系上配饰就完成了。

no. 32

简易笔袋
Pen case

简易笔袋，
可以用皮绳缠绕固定。

制作时间
50分

How to make ✂

< 皮革素材 >
皮革（不限种类）·········· 厚 1.2 mm

< 制作方法 >
① 按照图纸剪出笔袋主体和皮绳所需的皮革。
② 参考图纸在需要安皮绳的地方用锥子做记号，并用黏胶粘上皮绳。
③ 皮绳下端 4 mm 开始，距两侧 6 mm 处打出 6 个孔，并单向缝合。
④ 参考图纸在主体的涂抹黏胶处抹上黏胶，从底部 58 mm 处向上折起并贴合。
⑤ 在已经粘好的部分，距离边缘 5 mm 处画线，在距离上下约 7 mm 打出 12 个孔。针从皮革内穿入，从第一个孔穿出并在外侧绕缝 2 圈，然后撩缝，在最后一个孔时和第一个孔一样在外侧绕缝 2 圈。记得最后把结打在内侧。

< 主体缝好后的反面 >

< 主体缝好后的正面 >

< 皮绳缝好的状态 >

便携式小挎包
Pochette

制作时间
60分

可以斜背，
皮革纽扣朴素而可爱。

How to make ✂

< 皮革素材 >
包体用皮革（不限种类）·········· 厚 1.3 mm
纽扣用皮革·········· 1 个，厚 3 mm，直径 35 mm

< 其他素材 >
皮革绳 15 cm、金属链 114 cm、小连接圈 2 个、龙虾扣 2 个、钥匙环 2 个（直径 11 mm、粗 2.5 mm）、气眼 2 组

no. 33

< 制作方法 >
① 按图纸裁剪所需皮革。用直径 35 mm 的圆冲打出皮革纽扣，在上面用直径 1 mm 的圆冲打出 4 个孔。包身部分皮革正面朝上，按照图纸用水银笔画出涂抹黏胶处，在需要安装气眼处做记号，并打孔。
② 参考图纸，在包体用皮革上标记出将要安装纽扣的 4 个点，并钻孔。缝扣子的时候针从床面向皮面穿出，并缝成 X 形。
③ 皮面朝上，在①中的黏胶涂抹处抹上黏胶，沿图纸中的折线向上折起并黏合。

④ 在已经粘好的部分，距离边缘 5 mm 处画线，打缝线孔，并采用简单平缝法缝合。
⑤ 把缝好的包体反过来，参考图纸在上部要安装皮绳处做记号，并用直径 3 mm 的圆冲打孔。把皮绳对折插入孔中，盖上包盖调整长度，使它恰好能够扣上皮革纽扣，并将皮绳在包盖内侧打结。
⑥ 在①中的 2 个安装气眼处分别安装上气眼。
⑦ 金属链两端分别连接小连接圈和龙虾扣。把钥匙环穿过⑥的气眼连上金属链就完成了。

半月形小包
Crescent porch

用来装随身物品非常方便，
蝴蝶结和流苏更增加时尚元素，
金属链设计还可以斜背哦。

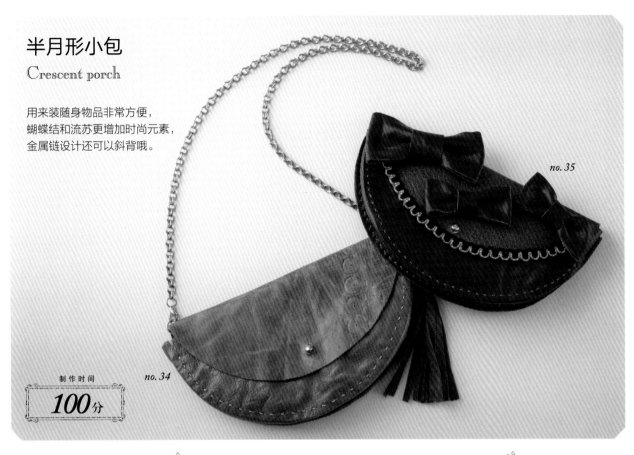

no. 35

no. 34

制作时间
100分

How to make ［**no. 34**：有流苏］

< 皮革素材 >
包体用皮革（不限种类）···························· 厚 1.3 mm
※ 前片和底面用同一种皮革，后片用另一种皮革
流苏用皮革··· 厚 1 mm

< 其他素材 >
金属链 68 cm、大连接圈 1 个、小连接圈 2 个、龙虾扣 3 个、钥匙环
（直径 15 mm、粗 1.5 mm）2 个、和尚头钉 1 个、铆钉 2 组

< 制作方法 >
① 按照图纸大小剪出前片、后片、底面、流苏所需要的皮革。
② 参照图纸在前片和后片上需要缝合处用锥子做记号。安装气眼处、安装
   和尚头钉处也用锥子做记号，并用图纸上记载的对应型号的圆冲打孔。
③ 按照图纸在前片的涂抹黏胶处（床面一侧）涂抹黏胶，并和底面皮面
   的上边缘粘贴在一起，粘的时候要注意保持底面的弧度。
④ 按照②中所做的要缝合的记号，用二齿菱錾打出 72 个孔，用采用简单平
   缝法缝好。缝到端部时和笔袋的缝制方法一样都向外侧缝合 2 遍以固定。
⑤ 在后片的床面边缘涂抹黏胶，并和底面床面的下边缘粘在一起，打出
   缝合用的针孔并缝好。缝到端部时也向外侧
   缝合 2 遍以固定。

（缝合端头图示）

⑥ 在②中打好的孔上分别安装气眼和和尚头
   钉，并在气眼上连接钥匙环备用。
⑦ 在金属链的两端都连接上小连接圈和龙虾
   扣，再把龙虾扣挂到钥匙环上。
⑧ 把皮革流苏的环用大连接圈和龙虾扣连在一
   起就完成了。

How to make ［**no. 35**：有蝴蝶结］

< 皮革素材 >
包体用皮革（不限种类）···························· 厚 1.3 mm
※ 前片和底面用同一种皮革，后片用另一种皮革
蝴蝶结用皮革··· 厚 1 mm
※ 蝴蝶结的尺寸在后面图纸里有记载

< 其他素材 >
装饰镶边 24 cm×1 cm、和尚头钉 1 个

< 制作方法 >
① 和 34 一样做出包体。但是不需要安装气眼。
② 参考 92 页，做出 2 个大蝴蝶结和 1 个小蝴蝶结。
③ 在包盖的边缘处用黏胶粘上装饰镶边。
④ 用黏胶把蝴蝶结粘贴到包盖表面就完成了。

皮革流苏的制作方法
① 按照图纸剪出流苏用皮革和皮绳，并如图剪出流苏的切口。
② 在皮革的床面涂抹黏胶，将皮
   绳对折并粘在皮革上，以皮革
   为中心把皮革卷起来。
③ 最后在床面涂抹少量黏胶固定
   即可。

Column.3
制作简易蝴蝶结

蝴蝶结是少女系饰品的代表之一，
本书中也出现了许多使用蝴蝶结的物品。
皮革蝴蝶结的制作方法非常简单，
请您一定尝试一下。

1. 按照图纸剪切出制作蝴蝶结需要的皮革，包括主体和带子两个部分。

2. 在主体部分的一端涂抹黏胶。

3. 把主体部分的两端重叠，利用黏胶把两端粘起来。

4. 把已成为一个圆圈的主体部分压扁，使之上下贴近。

5. 调整皮革的褶皱，在合适的位置折出折痕。

6. 在折痕处的中间涂抹少量黏胶。

7. 在反面也同样涂抹黏胶。

8. 把中心处用带子卷起来。

9. 主体和带子之间涂抹黏胶。

10. 调整带子的连接处，使之位于反面的中心处，然后涂抹黏胶固定。

11. 此时蝴蝶结有可能会开，所以要用手固定一会儿，等黏胶晾干就可以了。

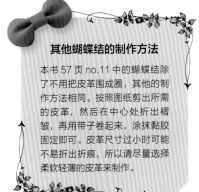

其他蝴蝶结的制作方法

本书 57 页 no.11 中的蝴蝶结除了不用把皮革围成圈，其他的制作方法相同。按照图纸剪出所需的皮革，然后在中心处折出褶皱，再用带子卷起来，涂抹黏胶固定即可。皮革尺寸过小时可能不易折出折痕，所以请尽量选择柔软轻薄的皮革来制作。

道草艺术工作室简介

道草艺术工作室位于皮革批发一条街，从浅草桥站徒步 2 分钟即可到达，是一间皮革手工艺制作室，室内还设置了咖啡座。在这里您不止可以见到皮革制作的装饰品和小百货，还可以体验树脂、剪贴画、书籍装订、蜡烛、领带翻新、拼贴画等即可完结的手工艺制作过程。由于工作室采取提前预约的小班教学制度，所以您可以在感兴趣的时候慢慢地学习，另外，工作室还专门给学生们设置了一个展示自己作品的地方。有志于将爱好发展为事业的人们通过学习也能够轻松愉快地开展会或工作室。总之，这是一个可以和各种手工艺素材亲密接触的地方，也是一个新创意和新想法不断涌现的地方。这里聚集了众多喜爱手工制作的爱好者们。

椎名惠叶　*Keito Shiina*

早先作为一名设计师主要从事音乐、电影等的宣传和艺术指导等工作，2009 年独立创业，在和各种类型的手工艺品接触的过程中形成了自己的风格，并于 2011 年在东京浅草桥开设了"道草艺术工作室"。同时，椎名女士还担任店铺运营、讲座策划、商品开发、电子商务及促销活动的企划等工作。

---

information

道草艺术工作室

除了手工课堂，还有可以提供美味饮品和食物的"道草咖啡屋"。由于工作室采取预约制，所以请您一定别忘记提前预约。

书籍装订&
相机小饰品

手工课堂之后还有讲座为您介绍拼贴画、袖珍小本等的制作方法，您可以回到家中轻松挑战。另外，专门为爱好相机的女士们开设的关于相机饰品制作的讲座也非常受欢迎。

树脂&
剪贴画

有关树脂的讲座来的很多是熟客，拼贴画的讲座最近也非常火。您可以把照片和喜欢的图案印到装饰品或者蜡烛上。

道草的品牌 "nullnull"

　　道草艺术工作室的原创品牌，产品采用皮革废料及稀缺素材，致力于创造"想独自保守秘密，又想送某个人"的产品。例如，使用皮革的下脚料制作的皮革装饰花就非常受欢迎。nullnull 的产品全部都是独一无二的，绝不会出现第二件重复的，快从百宝箱里挑出你自己喜欢的吧。

室内宽敞明亮、色彩艳丽，令人心生愉悦，
视线所及之处遍布精致可爱的饰品和小物件。

请 柬

Invitation

亲，欢迎来到时尚皮艺王国，
想做出个性又不失年代感的皮革小物吗？
想做出简单又实用的手工艺品吗？
快一起进入这片新天地，体验皮革创作的魅力吧。